目次

文—三谷龍二
攝影—日置武晴（封面、P14～17、P28～31、P42～47）
三谷龍二（封底）

關於封面

在稍深的托盤中收納著茶具組。
是有次試著拿了上泉秀人的茶杯與茶壺
放在這個托盤上，
簡直像是量身訂做般地
剛好可收進一組五人用的茶具。
此後便一直這樣將托盤與茶具整組一起使用，
再也沒將它們分開過。

盛裝什麼料理都合適的木製食器魅力

文—高橋良枝
翻譯—王淑儀

三谷龍二是木製食器的開拓者。

在遇見三谷龍二的作品之前，

我所知道的木製食器大多是漆器的椀，

或是在各地土產店等看見樸拙又帶點民藝風的拭漆器皿。

看看家中的木製食器，

就只有上了漆的湯椀、點心缽、大型漆器蕎麥缽、茶托、托盤之類，

因此見到三谷龍二的作品時，帶給我很大的衝擊。

同樣都是以木材製作的食器，竟然可以這麼現代、簡潔又美麗！

我忍不住覺得用這樣的食器來盛裝，

再怎麼樸素的料理一定都看起來很好吃。

據說在陶瓷器於民間普及之前，一般都是使用木製器具作為日常食器。

然而三谷龍二的作品卻是與傳統的木製食器完全不同的東西，

是為了符合現代生活而做的現代木製食器。

不消說，器皿是用來盛裝料理的。

它有別於藝術、裝飾品，我們日常使用的器皿是為了盛裝料理而誕生，

而料理也因為不同的器皿有了不一樣的面容。

這樣的器皿，極端地說，可分為兩種。

一是「不論什麼料理都適合，可自由搭配」

迎合料理者使用方式的器皿，

另一種則是刺激使用者的創意

「我該用這個器皿來裝什麼好呢？

好，就用這道菜來決勝負吧！」

三谷龍二的木製食器是前者。

不論是和食、西餐、中菜，還是一般的家庭料理，都能夠和諧共處。

我喜歡這點。
所有的創作物都會反映出創作者的個性。
三谷龍二的作品溫柔、不論什麼料理都能夠接受，
正反映出三谷龍二這個人的特質。
還有一點，
三谷龍二在創作時一定會站在使用者的立場去思考，
「因為我有需要」、「我想要盛裝這樣的料理」……
因此才會這麼好用吧。
每次讀到三谷龍二所寫的〈器物的履歷書〉，
便能理解三谷龍二對於每個作品所要傳達的想法。
從木材的種類、形狀、最後收尾的方法，
都會依照器皿使用的目的、機能去做選擇，
有時是當下就決定，有時是迷惘著該如何選擇，
那過程總令我讀得興味昂然。
不知不覺我家幾乎都是三谷龍二的作品。
如果連筷子、湯匙也算進去，
早已遠遠超過一百樣了。
這些木製食器在日常生活中是如何被使用，
如何盛裝映襯一般的家庭料理，
本書依日式、西式、異國風的不同料理來區別介紹。
即使只是一般家庭料理，
用三谷龍二的器皿來盛裝都能看起來格外美味，
我想器皿本身也會感到高興吧！

Noir Bowl

材質→山櫻木
上色→黑漆

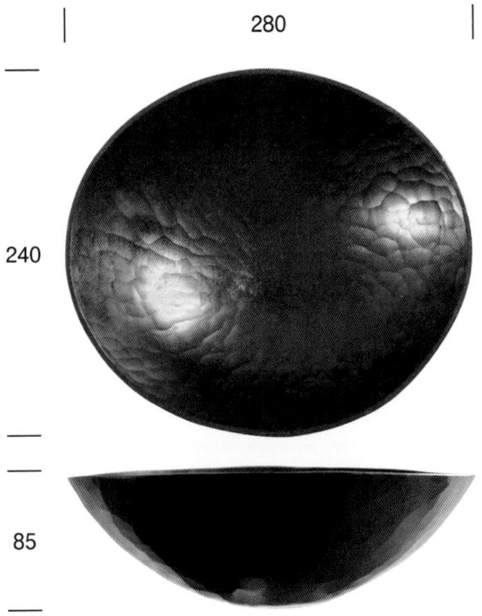

剛開始以木頭製作食器時，我就知道不可能不學漆藝的技法。畢竟考量到木製食器若要拿來裝熱湯、有湯汁的料理，沒有比漆這種塗料更好的了。

在多種塗料之中，對人體最安全無害，又兼顧持久性的塗裝方法，除了漆別無他者。只是木工在塗漆時一般都使用能夠保留木材原有質感的拭漆法，使用這種技法完成的產品就會出現與日式家具很搭的深褐色，對我而言，這個顏色實在是過度強調日式風格，不太好搭配。想想現代人的生活模式，將這種深褐色器物拿到日常生活之中，恐怕只有特定場合才用得到吧！

漆是一種個性十分顯著的塗料，對我而言，打從一開始就沒有想進到傳統的漆藝世界去，我想使用漆卻又想消除它過於強烈的日式風格，因而一邊感受其魅力之時也覺得困惑，始終懷著警戒的心態去接近它。

在這種態度思考著漆的應用之下，我最早做出的漆器即是這個大黑缽。是的，非傳統的深褐色而是黑色。如果是這種顏色，就不那麼限定在日式風格之中，又特別能襯托蔬菜水果的鮮豔色彩，隨意怎麼用都很好用。再加上黑色是器物的基本色調，我想應該就能在日常生活中的各種情況下都能廣泛拿來應用吧！

在這之後，我就做了各種尺寸的黑色器皿，從飯碗大小到像這個缽一樣大的都有。器皿的大小不同給人的印象也都不一樣，這個大缽的大器，很有重量感，而它身上的鑿痕微妙地反射光線，也有一種雕刻感。

光是將它單獨放在桌上，便有十足的存在感，當有客人來家裡玩時，不論是用它裝沙拉、肉類料理、義大利麵，只要煮多一點分量，裝在這個大缽裡，「咚」地一聲擺上餐桌，就能立即炒熱氣氛。

我常想著能一直透過製作器物來為人們的餐桌或是生活帶來樂趣，因此有人因為擁有這個大缽，可以在日日生活之中，營造出小小的慶典般歡樂時刻，而感到高興的話，我想沒有比這更讓我開心的事了。

白漆梅花盤

材質↓山櫻木
上色↓白漆

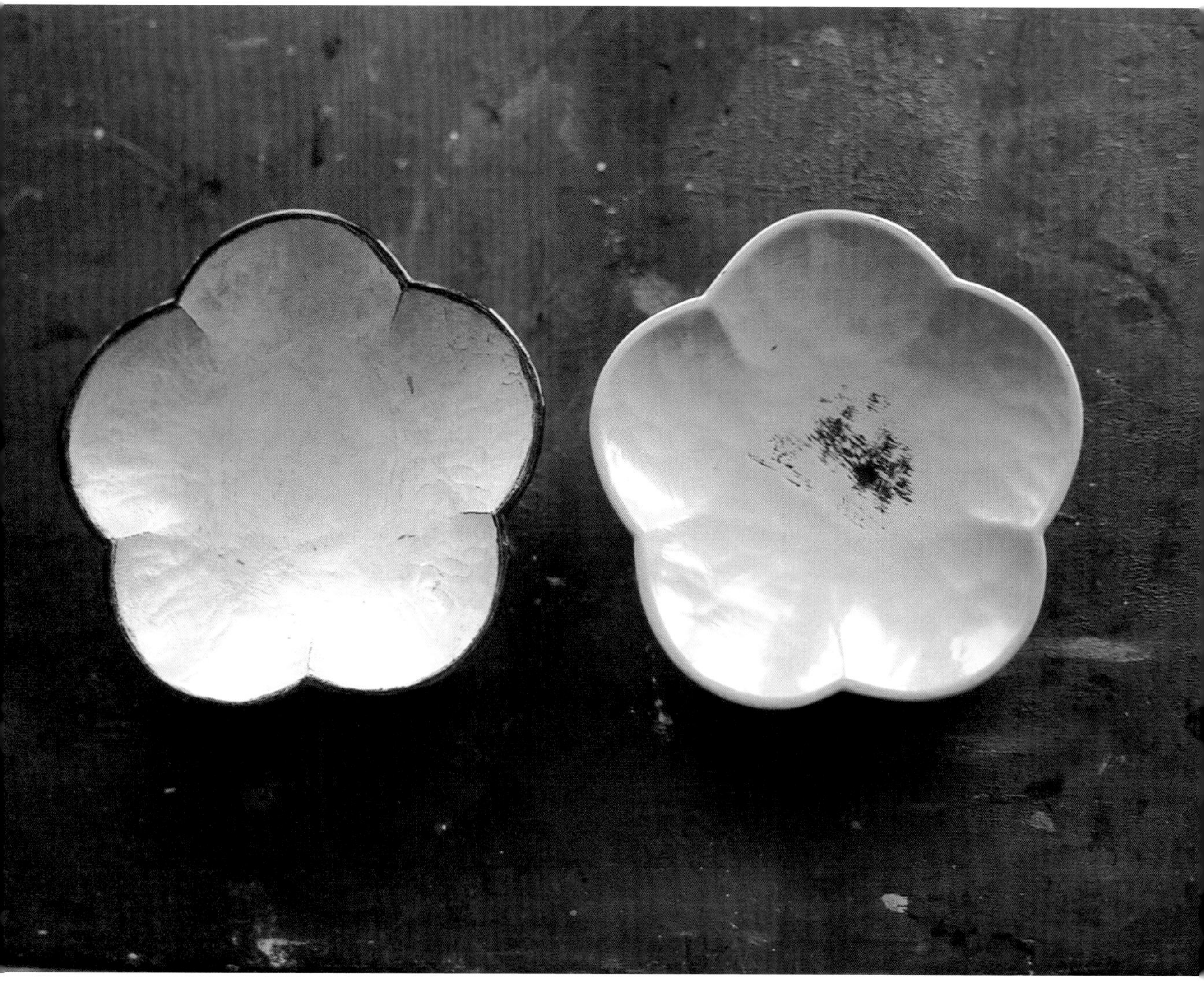

我所知道的三谷龍二

文—毛家駿
攝影—吳佳容
場地提供、點心製作—時常在這裡

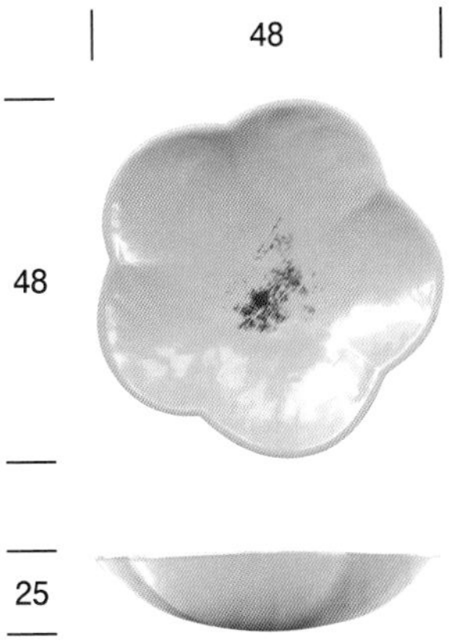

一般說到漆器，幾乎都是暗紅或黑色，其實漆本身還有綠、黃、白等各種顏色，只是色漆是靠顏料與漆充分混合調製出來的（只有黑色的漆又多加了鐵粉，是經過化合作用產生的顏色），類似油畫的油彩是以松香油加顏料，水彩畫的水彩是以阿拉伯膠液與顏料調和而成。就像松香油或阿拉伯膠液是顏料粒子的媒介一樣，漆也扮演著媒介的角色。只是相較於其他媒介是接近透明無色，不僅不會影響顏料原本的顏色，更有助於顯色，漆乾了以後會變成深褐色，使得顏料的顏色無論如何都會變沉、偏向褐色系，但換個角度來看，這樣的特質反而讓漆產生一種具有深度、富層次感的色調。即使是白漆，同樣深深受到褐色系的影響，雖然稱作白漆，剛完成時呈現的顏色仍是深褐色。

然而漆的特性是在時間的洗禮之下，會日漸透明，因此剛上完色的白漆製品一開始雖然是深褐色，但放上數個月後就會變得愈來愈白皙。若將漆比喻為咖啡、白色顏料為牛奶，一開始有點像是只加了幾滴牛奶的咖啡，隨著時間的經過，顏色會愈來愈像是加了一大杯牛奶的咖啡歐蕾。

會使用白漆是因為白色是我特別喜歡的顏色，一提到白色，總是能輕易地想到各種不同的白，像是白紙的白、雪的白、留白的白、瓷器的白、粉引的白或是剝落的胡粉（譯註：以碳酸鈣為主要成分的顏料，多使用於日本畫、日本人偶上）之白、羅馬式雕刻的白等。

我第一次以白漆上色的作品便是這個白漆梅花盤。梅花在北國是春天來臨的特別象徵，我覺得白漆很適合拿來表現白梅，因此著手做了這件器皿。花的形狀與我平常做器皿的風格有些不太一樣，但是我一想到要創作白色的器皿，腦中就浮現出乾山（譯註：尾形乾山，1663～1743。江戶時代知名的工藝大師，特別喜愛製作形狀多變與用色活潑的各種食器）以各種百合、紅葉為形的向付（譯註：日本料理中，盛裝餐點用的器皿）。

日本人會像欣賞畫作一樣地欣賞器皿，因而讓我想到在生活中，裝飾著這樣一朵小花似乎也不錯。不是與自然對立，而是與自然共生，在生活中擷取自然。日本人追求多樣化的器皿，並非要收集食器，而是源自於對自然的接受方式。

片口

材質↓櫻木
上色↓黑染拭漆

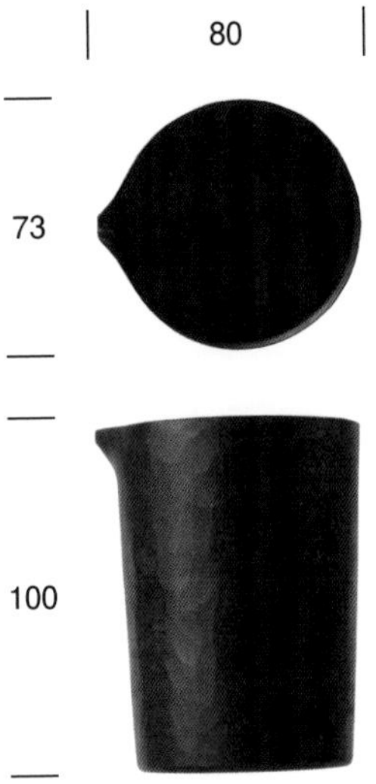

斟酌液體用的注器與裝飾食物用的食器有著截然不同的魅力。至今我也做過幾個片口，其中約可裝進七勺、以櫻木為材質製作的淚滴型片口，拿來盛裝日本酒、斟酒時會散發出微微的木香，像是給酒徒的小小讚美。

每個人的酒量不同，有人說晚上固定喝這樣的量，實在是太剛好了，有人認為這容量太少，照片中是一合的筒型注器，是應需求而做的。

我們常會邊喝著酒，仔仔細細地端詳酒器，自然地對其質感、釉藥的色彩等都很注意，且不時拿來就口，拿起來的手感、重量、觸碰到嘴邊時的感覺等等，也越來越挑剔。

柳宗悅曾經寫過一篇短文〈土瓶的注口〉。一般對不易控制水流的土瓶總是會嚴格評批道：「會讓茶水滴滴答答的瓶子根本就不該存在。」然而他卻意外地對土瓶很寬容，實在有趣。他說：「如果水流能夠好控制當然是最好的，但也不必那麼地神經質。」他的意思應該是斟倒時多多少少都會滴個幾滴，但就算如此也不要太在意，這樣的生活態度不是更自在嗎？

我擅自想像謳歌著「用之美」的柳宗悅對於「多少都會滴下來」的問題會寬容以待，他手邊應該有個自己很中意的土瓶，不論是造形還是質感都無可挑剔，只是難免斟倒時水流不好控制、會有些滴漏之類的問題……。

柳宗悅事事都憑直覺而非靠理性來決定，所以我想他一定有一個美麗的土瓶，讓他即使會有點滴水也可以忍耐，值得為它傾心。也許有人會認為這與他所宣揚的「追求實用到極致之時，自然就會接近美」有點不符，但我的感覺卻是他已達到能對於不完美的事物給予包容、視覺的欲望已超越腦中理論框限的境界，就算整體來說不夠完美，他也會說「就算多少會滴幾滴（犯錯）也無所謂呀，這樣的生活態度不是更自由、更好嗎？」比起理論，更重視實際生活上的感受，我反而更加喜歡這樣的態度。

凡事都一板一眼的實在太無趣。就像用大量生產的光滑瓷器來喝酒，再好的酒也變難喝了。盛裝酒的器物要豪氣又纖細、質樸又洗練、既華麗又紮實、令人陶醉又清醒，要能兼具各種不同元素，形成複雜層次才有趣。

便當盒

材質↓山櫻木
上色↓黑漆

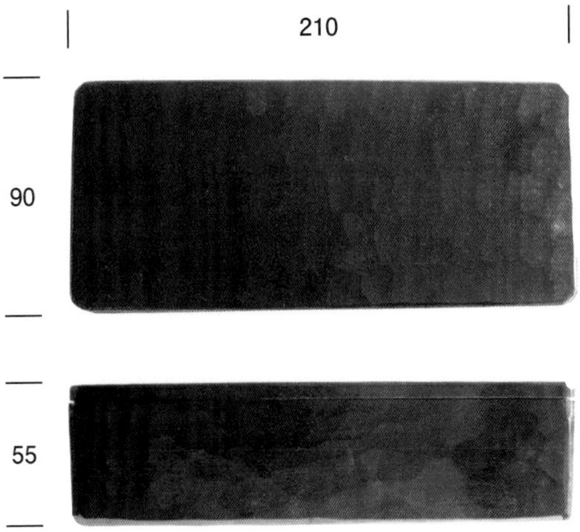

由於住家與工作地點都在同一處，我很久沒有通勤。午餐幾乎就是走回家裡，簡單弄點東西吃，所以就不用帶便當。

大概是這個緣故吧，所以我一直都沒做過便當盒。因為自己用不到所以從來沒去想過，這一點也是一種困擾，但不時聽朋友說在找尋合適的便當盒，這才讓我第一次注意到確實市面上好用的便當盒並不常見。

即使時機好像有點晚了，我終於想到要做便當盒，卻不知道究竟需要做多大的容量、如何決定尺寸，畢竟男性與女性的食量完全不同，甚至年紀也有影響，再加上女性手掌尺寸與男性相差甚大，各自覺得好握的寬度不一，要如何決定，實在是難上加難。

只是我雖然不必帶便當，但來工作的同仁卻有人是每天帶便當的。雖然盯著人家的便當有點不禮貌，但我一有機會，總是忍不住會觀察員工吃便當時的樣子。為了好拿，將便當盒的寬度減低，維持一定的長度，以便於增減內容量。於是有了這些基本的考量。

即使如此，我不禁覺得每天做便當還是很辛苦吧。雖然我沒有什麼帶便當的經驗，但一想到每天都要想便當菜，且都要少量多樣地製作，實在是很費心思。

只做便當菜，會因份量少而難以製作，更別說一次要做四、五樣。當然也有人是前一晚的晚餐配菜多煮一些留做便當菜，隔天早上只要再做一至兩樣就足夠，但這也是要不斷地去思考各種方法，每天做便當的母親們，腦中計算著這些份量，還要思考菜色變化，實在是太偉大了。

小時候，我最喜歡的便當菜是加了許多醬汁，且已滲透入味的一口炸豬排。在裝進便當時，母親不忘再淋上甘甜的豬排醬，早上淋好的醬汁到中午要吃的時候已經整個進入肉中，那真是只有吃便當才會有的醍醐味。此外像是燉馬鈴薯、薑燒牛肉等也是我的最愛。燉煮得甜甜鹹鹹的食材，經過一段時間後，味道更有層次。啊啊，這麼一回憶起，就好想要吃便當啊。

榆漆六寸四方皿

材質↓榆木
上色↓黑漆

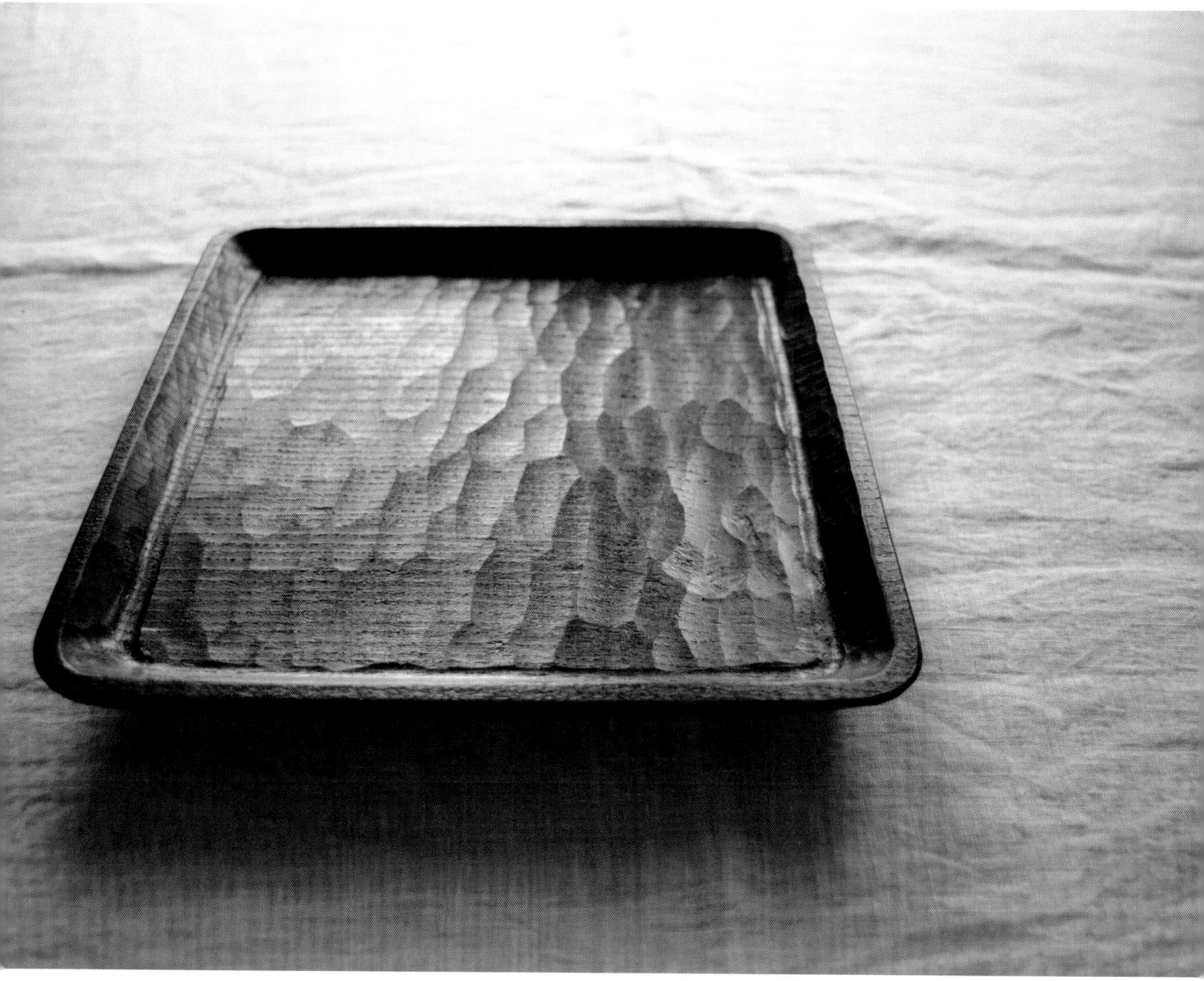

這個以榆木塗生漆的六寸（約18cm）角皿，適合拿來盛裝一人份的生魚片、烤鮭魚或是青花魚乾等等，極為日常的用餐時間裡，是常登上餐桌的器皿。

就像不同的料理，自然就會有不同的酒來搭配，器皿也會依料理的內容來做選擇。當然每個器皿的使用方法會因人而異，可自由變化，但並沒有絕對，只是有彼此相適的組合，且任誰來選可能都會有相似的答案。

我想，這一定是因為日本人自古以來長時間都不斷深入思考著與器皿及料理相關的事，早已內化成為日本人的一部分，所以我們這些製作器物的人以此為基礎來製作器物，因為是在家使用的器皿，就算不特別學習，也已經有了共通的概念。所以我們知道如何組合搭配各種器物，這應該已成為日本飲食文化的底蘊了吧。

我一直使用的榆木是經過長時間埋在土裡的木材，一般稱為「神代榆」。榆木與櫻木等其他木材相比，紋路清楚，是偏和風的木材。自古以來榆木被視為是櫸木的代用品，因櫸木是高級木材，在價格高昂無法選用時，便以榆木來代替，但這其實是非常失禮的說法。

榆木可能是因為遇上颱風而倒下，埋在土中經過將近千年的時間，大概是土壤的鐵起了作用吧，整個變色直達心材，表面留下有如具纖細高雅織物般的木紋，我使用這種神代榆做了近十年的木製器物，有時會試著塗上漆，於是漆會深入湛透進已脫去油分、顯得乾燥粗糙的表面裡，形成與櫻木不同的，看似經過消光處理的表情。

日本料理講求器物的深度，我想，光滑的西洋食器無法呈現那種深度，因此日本才能夠培養出如此豐富的食器文化，而這些器物的基本，也包含著自然。

憑人之手要做出生著苔蘚、溪中岩石般的肌理，或是風化的黃土牆般無矯飾的紋路實在是難如登天，但至少可以做出能在日日生活的時間之中，逐漸增加深度的器物。我憑著這般信念，持續創作器物的工作。

日式風格

黑漆食器很能映襯日本料理之美。
在那黑色的畫布上，
光是添上青菜的綠、番茄的紅、蛋的黃
等等各式豐富的色彩，
就能營造出盛大饗宴之氣氛，十分不可思議。
以木製食器盛裝熱騰騰的餐點，
拿在手中也不怕會燙手。

碗中盛裝的是吃得到核桃顆粒的南瓜可樂餅。這個小碗也常拿來裝麵線或烏龍麵。牙籤是在三谷龍二的工房裡做的。

蓮藕磨成泥，加入黑木耳、紅蘿蔔、銀杏一起蒸，再淋上芡汁。小碗也常在吃火鍋時登場。

這是仿懷石料理中八寸（季節性小菜）擺盤的前菜用食器。前菜有和風醋漬番茄、黑芝麻拌四季豆、水煮蛋佐柚子胡椒。有時也會換成烏魚子佐白蘿蔔片、醃漬牛蒡、銀杏等。

麵包盤

材質↓山櫻木
上色↓護木油

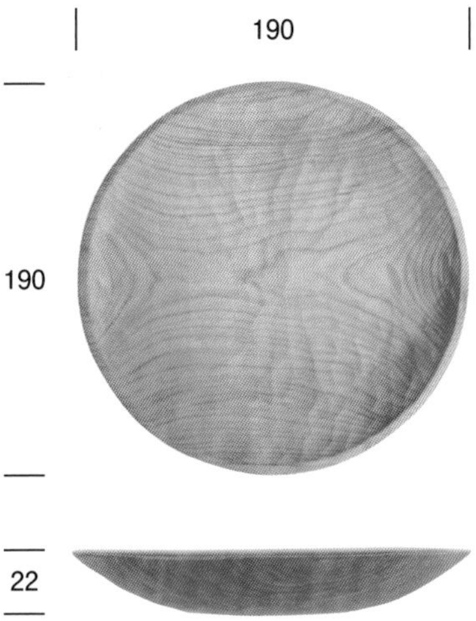

早晨，世界尚未開始活動之前，走向面對深山的露台，耳邊傳來鳥鳴、風動等各式聲響。張開雙手，滿滿吸一口新鮮的空氣，清楚感受到身體的喜悅滿盈，直達指尖。白天的活動總讓人忙碌得忙了要呼吸，然而那是對生命的一種壓榨、不遜的態度。我們應該多關心一下自己的身體，若對活著這件事不能多懷點謙虛，身體總有一天會反撲的。

以深綠覆蓋整座山的樹木們也在呼吸著。傾耳仔細聆聽，便能聽到樹木呼吸的聲音。他們擁有我們所嚮往的超過千年的旺盛生命力，以靜靜站立的姿態所展現出來的生命之形，多令人感動。

即使被砍伐倒下後，木頭仍舊呼吸著，在濕度過高時將多餘的水分吸進體內，在空氣乾燥時則釋放水氣，保持舒適的濕度。充分利用這項特質，以木材建造的房子，可使人住得十分舒服。此外以杉木、檜木製作的飯桶也是利用木材會呼吸此一特質的生活用具。將剛煮好的白飯放進其中，可以幫忙吸收多餘的水分，使白飯更加鬆軟美味。

烤麵包也會排出水氣。剛烤好的麵包若是放在瓷盤上，裡面那一側會因水蒸氣悶住，特地烤過的麵包表面會積累水氣而濡濕，這樣的狀況下，若是放在具吸水性的木製麵包盤，不知會如何？這是促使我製作麵包盤最初的想法。可以活用素材本身的特質而去思考使用方法，讓我雀躍不已。

我做了幾種不同形狀的麵包盤。方型的尺寸為18cm，圓型的為了不讓麵包突出去，放大了1cm。加工的手法則分成兩種，一是經砂輪機打磨過，表面光滑細緻，另一款則是有雕刻刀鑿痕的。

若要論吸濕能力，有鑿痕的那種因為經過刀刻，切斷了木材的纖維，使雕刻表面吸濕能力較強；而經砂輪機打磨的雖然較不利吸收水分，但仍具備木材的特性，因此也不必太擔心。只不過不論是哪種加工手法，最後若再塗上塑料或上漆，會在表面形成塗膜，難得木材會呼吸的作用便被阻斷，更不可能期待有什麼吸濕能力了。

將麵包與木材放在一起，質感和紋路看上去十分融洽，兩者都是內含空氣，給人溫暖的感覺，觸感也相似，而且不論是麵包還是木製食器，看起來最有精神的時段，都是在早晨。

ripple

材質↓山櫻木
上色↓護木油

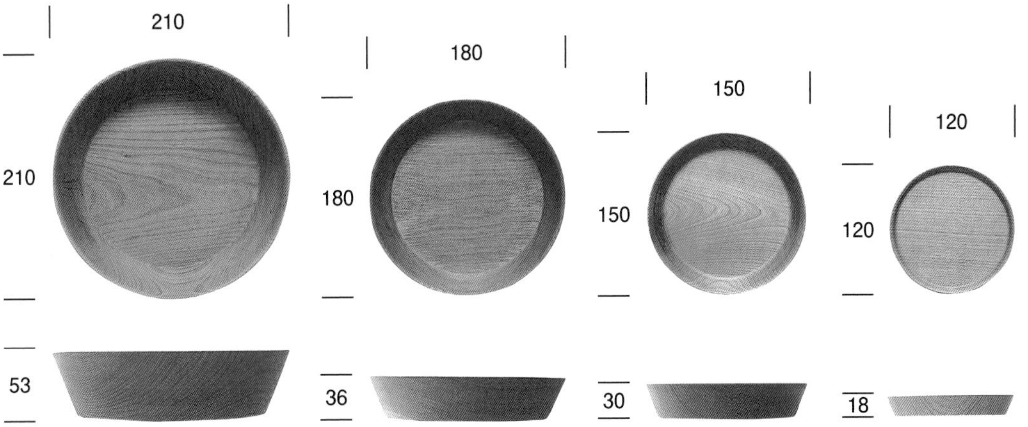

我在金澤市郊外的一間器物店買到一組四個漆椀，據說是江戶時代輪島製品，整體的質地輕薄而形狀端正。一問之下才知道從那個時候開始，輪島就已經是造形洗練的漆器產地。

這四個椀分別是用來盛裝飯、湯、醬菜與主菜，所謂一湯一菜的餐點所用的食器。實際使用這套漆椀來吃飯，我清楚知道至今只要備齊這簡單的幾樣元素，就已充分構成基本的日式料理。

所謂的飲食不過是日常茶飯之雜事，然而在這四個椀之中，就已總結了一切飲食之所需，如此單純與高完成度，讓我十分驚異。

一湯一菜是禪僧的飲食規則，這四個椀的製作者是從禪僧每日的修行之中，細心剖析出必要與不必要之物，做出這滿足最小限度必要需求的食器之形，這已不單純是思考了器皿的形狀，而是檢證了人的欲望，配合日常實用的原則調整之下所完成的形狀。

而且可一個收一個的適切大小，收納時不占空間，又便於攜帶的套疊形式，是將器皿的魅力發揮到十二分的漆器製品。

這也促使我從這四個椀去審視現代的飲食生活，刺激我去思考，如果是西式食器，有沒有能夠像這四個椀一樣，可以滿足承裝基本飲食之功用，符合現代生活的套疊食器呢？

我個人非常喜歡吃義大利麵，因此我就從以義大利麵為出發點去思考，盛裝義大利麵餐的四個盤子而非四個椀。

我在腦中回想了我平常吃飯時的景象，首先有一盤義大利麵，旁邊會有盤沙拉（或是醋漬蔬菜或燉菜等蔬菜類），然後一塊麵包，若能再加上一點好吃的起司，那就完美無缺了。

就這樣隨意想著想著，意外發現原來以義大利麵為中心的一餐，也是以四個盤子就能完美呈現。這樣的一組餐具連自己都好想要，因此立即動手做了試作品，拿來自己試用看看，於是做出了直徑分別為四寸、五寸、六寸、七寸（各120、150、180、210mm）的四個盤子。

將這四個盤子一個收一個地疊在一起，從上方看下來，四個圓形看起來就像是漣漪（ripple）般美麗。

Thin Bowl

材質↓櫻木
上色↓護木油

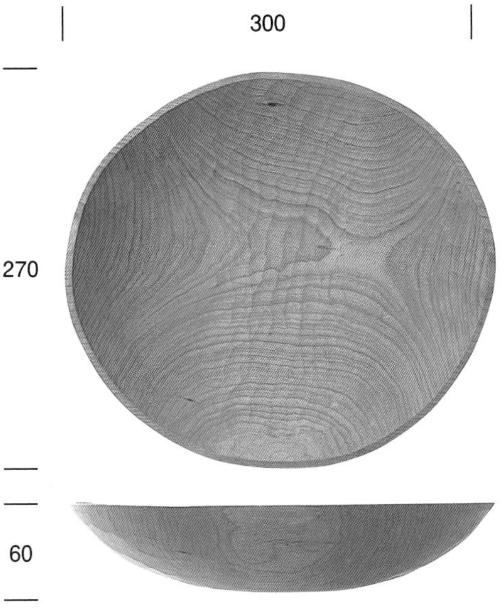

剛開始做木質深缽時，我總是在差不多的時候就停下手不再往下削下去（當然，成品也就十分厚重）。若問我為何如此，是因為明明操作著電動刀具，木屑滿天飛，削的途中自己就覺得「已經削很多了，夠了」。

一開始就想說「不要做出厚重的器物」，然而卻被手中正在削的那塊木頭的存在感打敗，覺得「嗯，差不多這樣就可以了吧」而停手。

所以，理所當然將那樣的器皿往餐桌上一擺，就太有存在感，像是一個過度強調自我，無法感受到周身氛圍的人，就這麼坐在桌上。在瓷盤、玻璃杯等纖細的食器旁邊，這大塊頭就「咚」地一聲站在那兒的身影，粗魯得令人想哭。

因此我好好地反省了一番。「在削木頭前，一定要先畫設計圖，明確地將想要的形狀落實在紙上，才動手去做」對我來說是很重要的。

這樣的反省之後，做出來的即是這個名為「thin」（薄）的大缽，因為這才是我想要做，邊緣薄而質地輕的器皿。

然而，木製器皿不像瓷器或陶器那樣，可以在製作過程中拉高至想要的高度（這大家都知道吧？），因此要做個有深度的器皿，就必須要先有一塊厚度足的木材才行。

這個大缽的高度是6公分，因此用的是二寸的木材。然而一般二寸板若是從整棵櫻木幹分取，且是只採最好的部分，最多只能取約四片，因此這個「深缽」便是奢侈地使用木材最高級部分製成的。

而且讓人心疼的是這高級木材大半都成為了木屑。

長時間以來一直讓我很心痛，問自己「不能做小一號的嗎？」、「削掉這麼多實在浪費」，但有時我會這麼想：用厚木材削出來的器皿有著雕刻作品般的力量，那強度即是被削去的木屑之總合。我已漸漸釋懷，可以覺得是那些失去的東西在看不見的地方支撐著，在那之後，我可以心安理得地接受這樣的想法，製作出強而有力的作品。

冰淇淋匙

材質↓櫻木
上色↓護木油

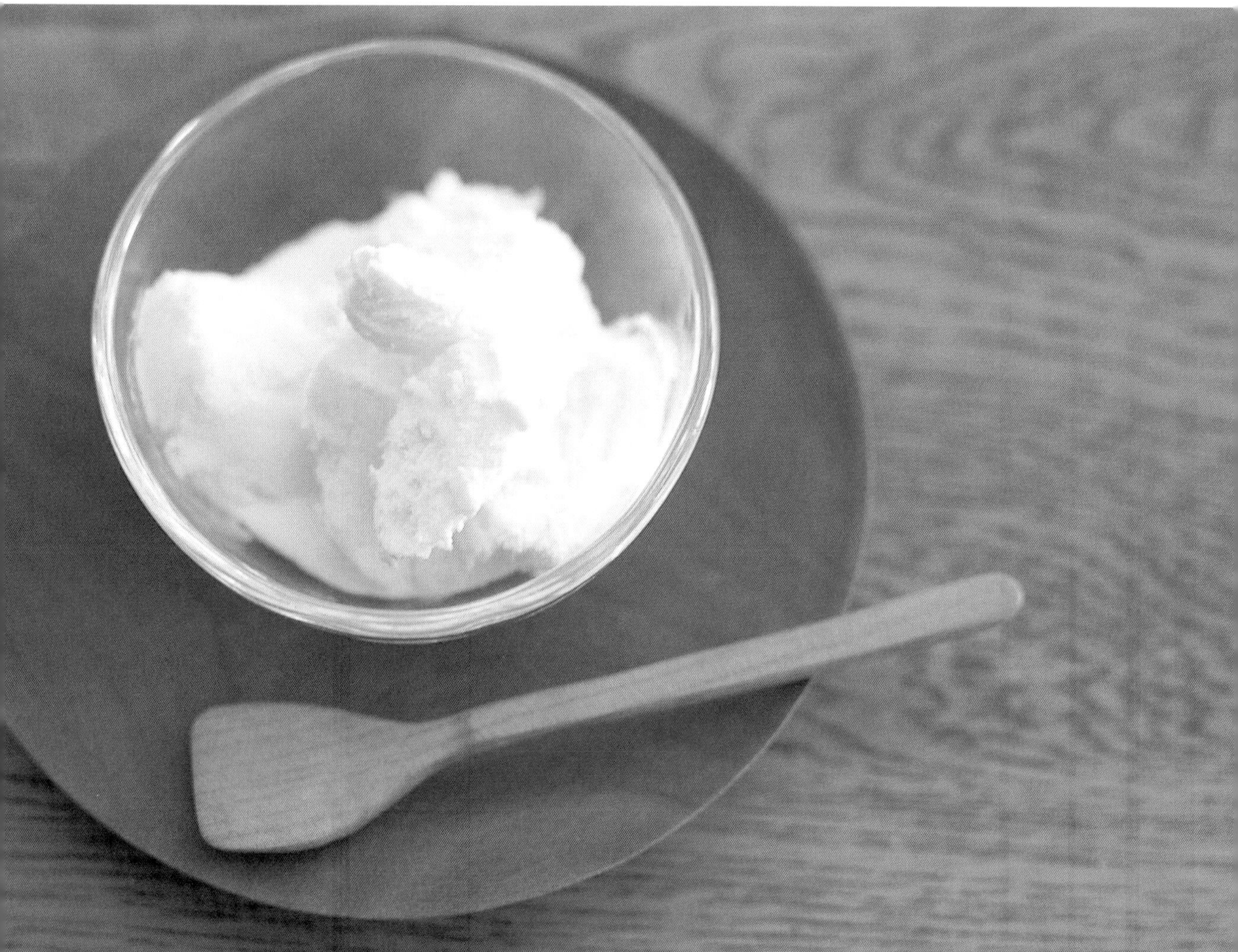

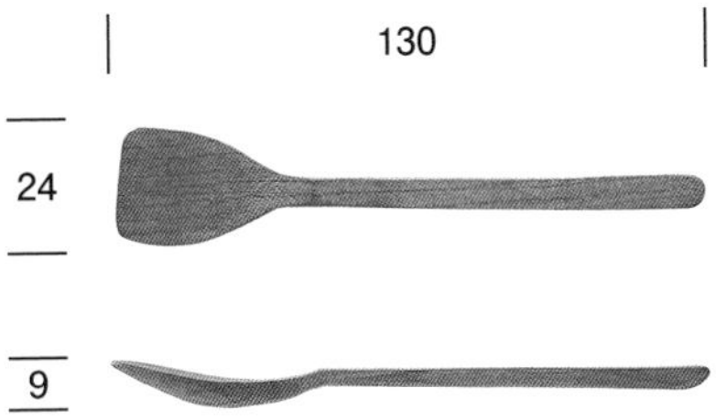

買冰淇淋杯時通常都會附上一支木製小湯匙。又軟又薄一折就斷，不知該稱之為湯匙還是小竹片，又長得像是瓢子。但這形狀簡單又軟趴趴的玩意兒卻意外地跟冰淇淋很搭。

金屬製的湯匙雖然光滑順手，但一碰到冰就整支冰得不得了，吃進嘴裡時帶給舌頭強烈的刺激，再加上我不甚喜愛金屬的味道。相較之下，木湯匙碰到舌頭的觸感就舒服許多，很像是在咖啡店喝咖啡時冰淇淋杯旁附上的那塊威化餅乾的作用（這麼說來，最近倒是很少見了），木頭的質感可以讓過度冰冷而麻痺的舌頭恢復味覺。正是這小小的經驗誘發我想用木頭來製作冰淇淋匙。

就像是用木製湯碗盛裝熱食一樣，將如冰淇淋一樣寒冷的食物放入口中時，木頭的特性正可完全發揮出來。十分乾燥的木頭，原先保有水分之處會變成空洞，這些地方就會飽含空氣。木頭的組織本身即很柔軟，內部再含有空氣，保溫的效果就會更上一層樓，這跟為何人們喜歡將木頭應用在家裡的地板或是家具等我們的肌膚常會接觸的地方是同樣的道理。

但是取名冰淇淋匙感覺像就只能用來吃冰淇淋，對於不常在家吃冰的人來說似乎就沒什麼吸引力了。

不過，別忘了餐具的使用方法千變萬化，這支湯匙也可以拿來塗果醬、醬料等。因為它的形狀介於竹片與湯匙之間，拿來塗醬料時，因為湯匙前方沒有凹陷之處，就不會有在塗麵包後醬料還殘留的問題，用起來更令人心情爽快。

同樣是小湯匙，但是稍微修改了尺寸及線條走向，就有不同的用途也更順手。

這支保留了湯匙原有的形狀而做得小一號，就成了黃芥末匙，再小一號又可以變成七味粉匙。

在冰淇淋湯匙工作坊上，雖然大家都是用同樣的材料開始製作，完成品的感覺卻是因人而異，這點讓我覺得非常有趣，因為每個人手中的那支湯匙都展現出製作者的個性。每一面只要線條有一點點不同，成品整體的感覺也就會隨著改變。這個時候，再次提醒了我，注意細節的重要性。

櫻木沙拉缽

材質↓山櫻木
上色↓護木油

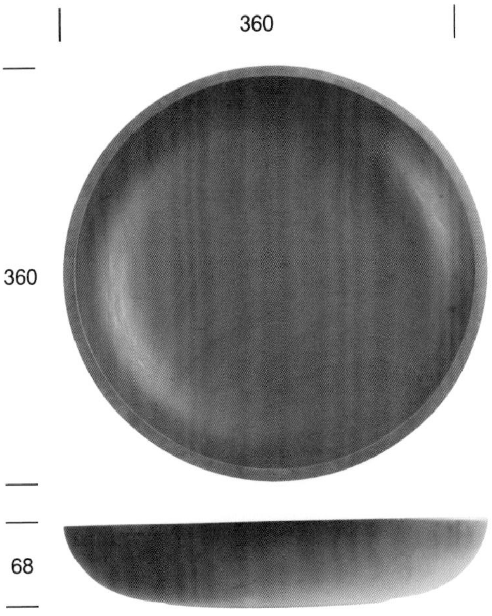

我的木製器物作品大致可粗分為兩類，一種是使用稱為「刳物」的木工技術，即以鑿子或雕刻刀，將木材從原木狀開始一刀一刀鑿出或雕出器物的形狀；另一種則是被稱為「挽物」或「木工轆轤」的方式，就跟陶藝家將一塊陶土放於迴轉機器上，以手塑出器物形狀一樣，將木材固定於迴轉軸上，以動力驅使其迴轉，製作者再以刀物去削出想要的形狀。

這樣的製陶或木作雖都使用迴轉轆轤，然而陶土是柔軟、具可塑性的材質，可以用手自由地捏塑出想要的形狀，相較之下木材是非常堅硬的材質，得使用銳利的刀具（bit），一點一點地削除不要的部分。

不論是刳物或是挽物都是日本自古流傳下來的木工技術，我們只是在如何將傳統技術應用在現今生活上，下了點工夫而已，並不是什麼特別創新的事情。此外，在長遠的木工史之中，刳物、挽物之外，還有許多對今日我們的生活有益的技術，我認為只要能將這些技術吸收、轉化成符合這個時代的形式，便能開創更多的可能性，並持續傳承下去。

20世紀是非常重視自我表現與個性的時代，然而這股熱潮至今也已漸漸收斂，越來越多人已不再只將眼光關注在自己身上，轉而重視與每日的生活或是社會上生存的每個人之間的關係，想要腳踏實地、做些有具體成效的事情。

照片中的器皿是以挽物的方式製成的。挽物所做的器物並不會留下明顯的手作痕跡，不知道是不是這個因素，在展覽會上，與有明顯刻痕、手作感強烈的刳物相比，後者似乎比較受到歡迎。表面光滑的作品確實是與機械製品較接近，也比較常見，不那麼受青睞也是可以理解的。

木製器物有一項特別的魅力就是經過時間的變化，它會產生不同的表情。挽物的作品因有均質的表面，密度高，木紋容易顯現，因此更能反映出纖細的木紋變化。再加上挽物的輪廓即使是小地方都很乾淨細緻，就算只是放在那兒，也能感受到它外形的美麗。這個我長期使用的櫻木大缽，正是我最心愛的作品。

西式風格

不論是義大利麵、沙拉、爐烤肉排、佛卡夏……遇上西式餐點，便是三谷龍二之器最活躍的時刻。蔬菜也是僅僅放進去就成了一幅畫。烤箱出爐的大塊肉排放上三谷的大盤子，頓時讓人興奮得難以自制。

因為收到了甜菜根，就拿來跟核桃一起拌成沙拉。淋上檸檬汁與特級初榨橄欖油拌一拌，最後放上一根龍蒿（Estragon）畫龍點睛一下。

手邊有大量的羅勒時，就會拿來做青醬。照片中是用青醬拌稍粗的通心粉（Rigatoni）。

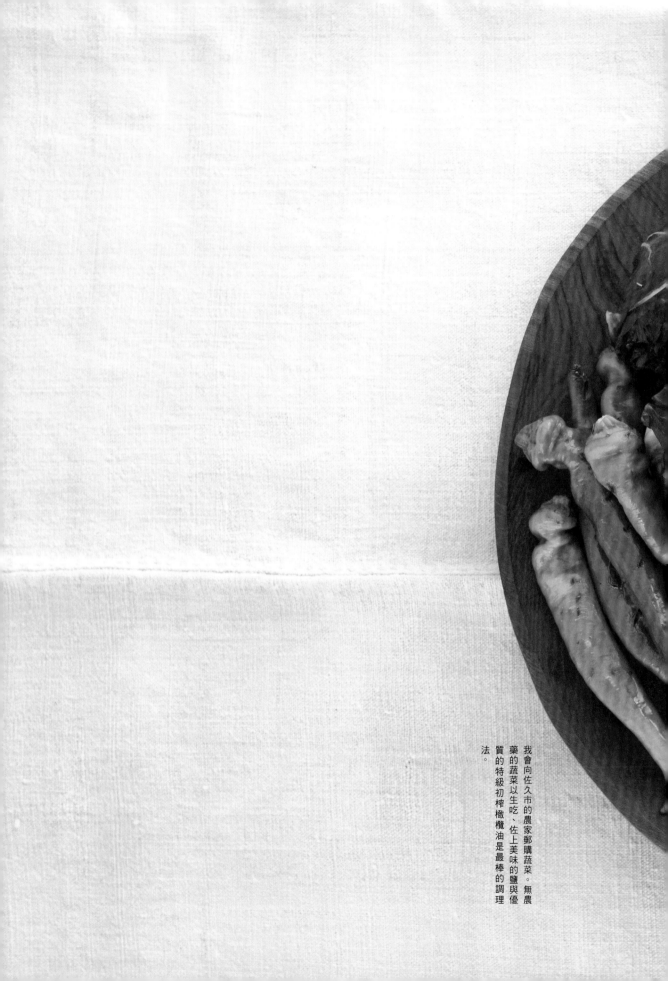

我會向佐久市的農家郵購蔬菜。無農藥的蔬菜以生吃、佐上美味的鹽與優質的特級初榨橄欖油是最棒的調理法。

漆十字角皿

材質↓山櫻木
上色↓黑漆、白漆

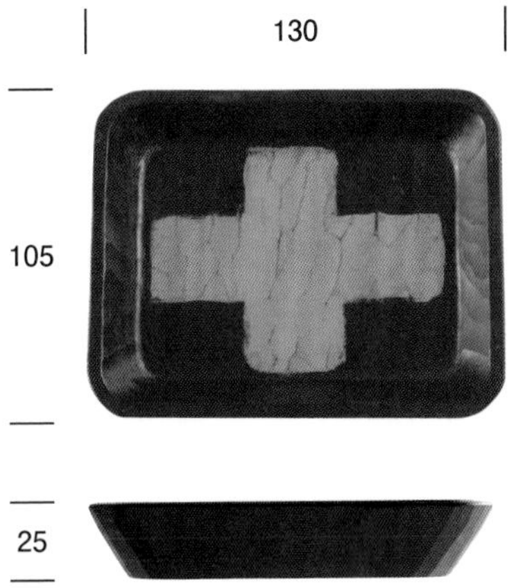

要裝些醃漬物等分量較少的菜時會想要有小盤子，因此做了這個角皿。用來裝和菓子也能襯托得宜；放純棉手帕可能也很合適。隨著使用者的創意而能發展出不同的用法，是小盤子所帶來的樂趣。

大型器皿是時常在桌子正中央有其固定位子的主角級器物，與其相對的小盤子則是放在手邊，認命跑跑龍套，換句話說就是扮演配角的功用。

主角得要有吸引眾人目光的特質，這點很重要。而配角如取皿、小盤的功用就是撐起餐桌上的氣氛。所以小盤子的選擇或是使用方法，就得靠主人的品味來決定。讓客人留下深刻印象的說不定反而是這些小小配角。

不過，在此之前我所製作的器物之中，幾乎沒有像這個角皿這樣會在上頭繪圖的。我認為器物基本上應該是無花紋的，因此一直以來從未想過在上頭繪圖。然而，後來我改變想法，覺得有時在小盤子上玩些花樣應該也不錯吧。小盤子不只是對使用者，也會讓製作者想要放鬆自由地玩耍一下，因此我試著在它的黑底之上以白漆畫了個十字架。

即使如此，在器物上繪圖我還是謹慎以對。我喜歡美麗的圖，但是不想輕易地就在器物上畫圖。我認為器皿與畫是完全不同的兩樣東西，若要畫圖，不該在器物上而是畫布，也就是說我會選擇在平面上呈現。大概是這樣的原因，我對於要像伊萬里、九谷燒等瓷器那樣在盤子上畫滿圖樣，完全提不起興趣。

長時間以來我都做著樸素無華的器物，這樣的基本原則雖然沒變，但或許多少也會想嘗試看看玩點新的手法。因此本來在我心中完全是兩回事的圖畫與器物，終於一點一點地縮短了彼此的距離，具體成形的就是這個十字。

通常一說到十字，總會讓人跟宗教產生連想，然而從我的角度來看，十字是因為我的店的名字為「10 cm」，而產生了十字這個意象。另一方面，在動畫《風之谷》中，有著深厚偉大寬容精神的女主角娜烏西卡，對著朝她而來的王蟲展臂迎接的一景也令人印象深刻。一個人直挺挺地站立，完全展開雙手的姿勢就成了這十字形。十字形跟一個要將一切納入懷抱中的人非常相似。

嬰用組合

材質↓山櫻木
上色↓護木油

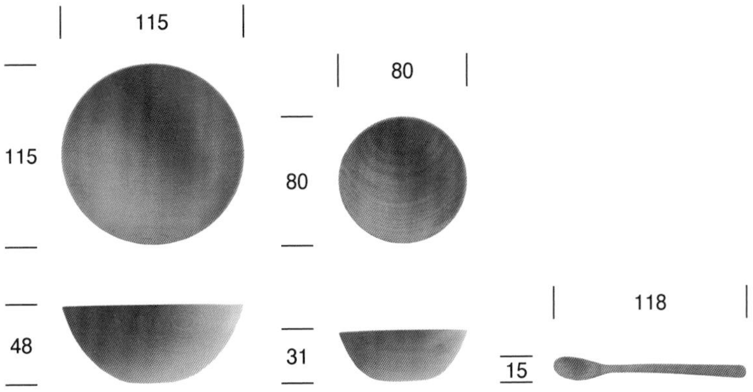

我是為了給自己的孩子用，所以做了這一款木製的離乳食用餐具組。孩子到了離乳食期，我們去了趟百貨公司找找市售的嬰幼兒餐具，果然就如預期地逛了好幾家店都沒找到滿意的。

市面上可見的全都是塑膠製品，實在是沒什麼質感，而且一定會有卡通圖案，說是給小孩子用的餐具，有這一組就足夠用到大。看見商品設計者的意圖至此，已可說是黔驢技窮，我什麼也沒買地就決定放棄。

剛好也是在那段期間，新聞報導指出塑膠製品會釋放出微量的甲醛，我不是專家並不是很清楚知道那會對人體產生怎樣程度的不好影響，即使如此，若是身體吸收能力最強時期的孩童用品，我想一定得要符合安心安全的條件，沒有可商量的餘地。

因為這件事情的影響，更加強化了我對塑膠製品的厭惡，促使我思考以自然無垢的木材來製作孩童用餐具，最後再上天然的植物油，一定就可以安心使用了。

木製器物的好處不只安全，拿在手中的溫潤手感，送到口中觸碰舌頭的觸感，對孩子來說一定格外地舒服。

曾有客人告訴我，他的孩子吃飯的時候會自己選擇要使用木製餐具，當下真的讓我覺得做了這款木製兒童餐具真是太好了。

有些人會認為小孩的東西都只能短時間使用，若太貴的話很浪費，最後就很容易只買些用完即可丟的東西。不過這組餐具我特別考量，即使過了離乳食期也可以一直用下去，設計也是不易過時的樣子，因此就算價格較高些，但我覺得還是這樣的東西比較值得購買。只要能長期使用，就不會是浪費錢吧。

還有一點，為了符合小孩子的小嘴巴，我也做了一款小湯匙搭配。我問了實際使用的家長，寶寶湯匙因為一次只能舀很少量的食物，所以大約只有離乳期開始的一個月用得到，若要吃較多量的話，就換成再大一點點的點心匙。好像確實是這樣。不時會有這樣實際使用過的人教我很多使用上的小細節。

托盤

材質↓橡木
上色↓護木油

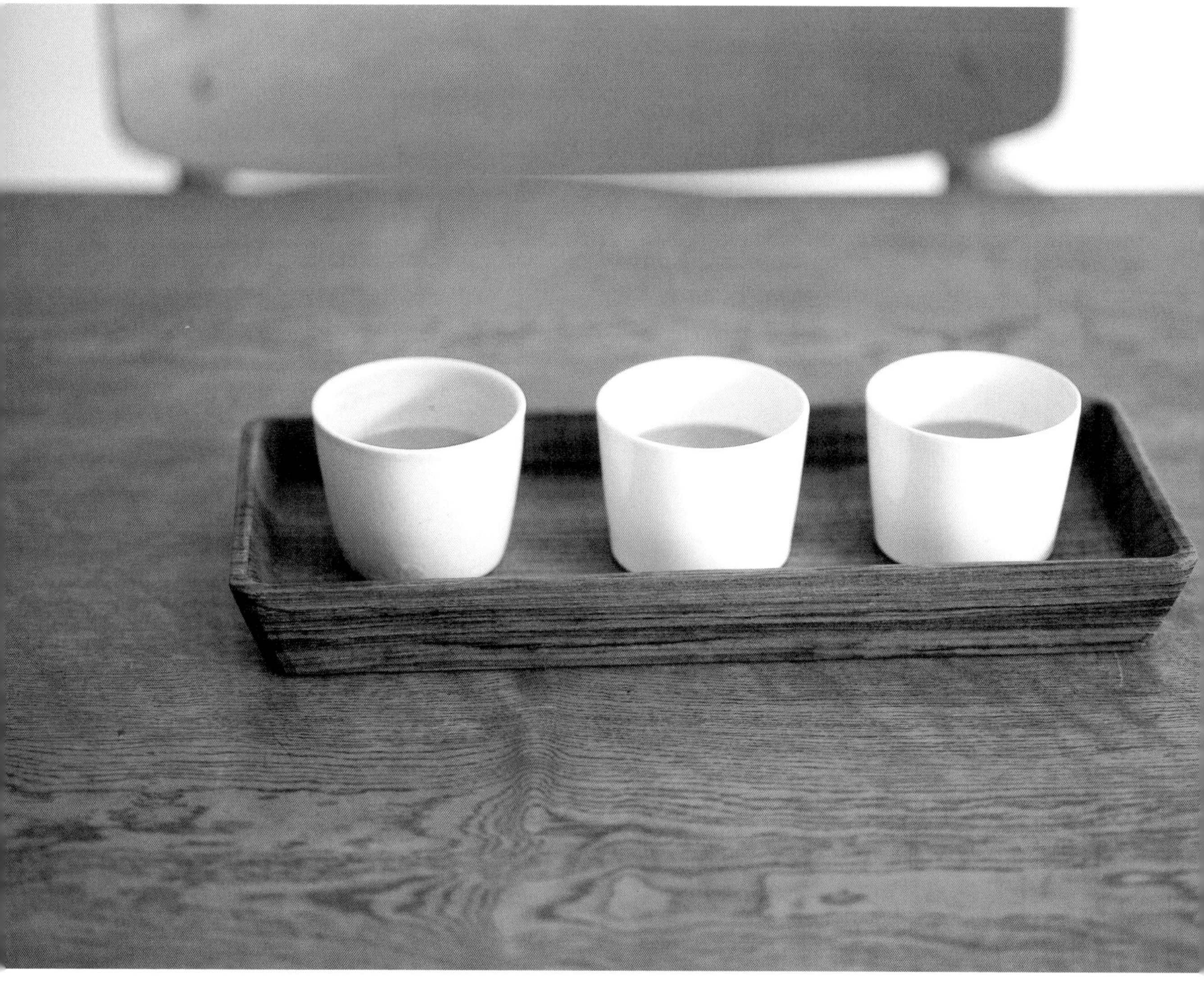

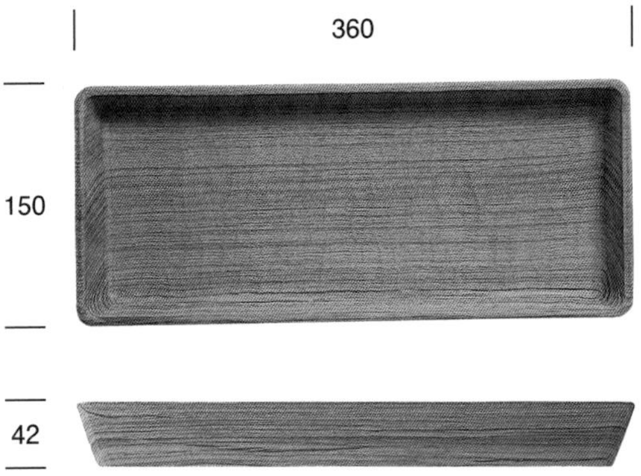

說到家庭的餐桌上所使用的木製品，首先想到的應該就是椀、茶托與托盤三種。我們家當然所有食器都是木製品，可惜的是像我們家這樣的還是很少見。上述三樣可以說是在各個家庭之中都有，如此普及，應該也有其道理。

木材有阻熱的功能，因此木椀即使盛裝熱騰騰的湯，拿在手上、靠在唇上也不會燙到，若是陶器，恐怕早已燙得拿不起來了。

茶托或是托盤則是在端茶給客人時登場，應該早已成為生活習慣的必需用品。有些陶瓷器茶碗的底部會很粗糙（譯註：有些茶碗會刻意保留陶土原本的質感，不磨掉，倒不是品質不好的問題），直接放在桌上很容易刮傷桌子，因此使用茶托是有實用上的理由。

但上述三者，無論如何一定得用木材的應該只有托盤吧！椀或茶托也不是不能用陶瓷器代用，然而陶製或瓷製的托盤又重又容易摔壞，不好使用。我常在做托盤，我想應該就是有這麼多人覺得有需要吧。不過，以無垢木製成的托盤不僅可用來運送食器，本身也能作為一個木盤來使用，一舉兩得。

此外，托盤的邊緣高度不同，用途也隨之改變。我做過一款邊緣僅5mm的調理盤，那是為了不讓邊緣太突出，讓它也可做為日式餐台、桌墊來使用。但邊緣較高的托盤在運送食器時則比較好用，可以阻擋會滑動的器皿掉落，各有所長。

我做最多的托盤應該是寬36公分左右，那是從大多數人的肩膀寬度推算出來，最好拿、且一次可以拿承裝最多量物品的寬度。此外，同時有兩人拿著一樣寬度的托盤在走廊上相遇，不必有一人側身，即可正面直接走過。

一般托盤的長度多是24公分到30公分左右，而這個茶托盤的長度僅有15公分。雖然也有人跟我說怎不做大一點，但我覺得剛剛好的尺寸讓人用來心曠神怡。這樣的長度只用來裝2、3人份的茶時最剛好，看上去輕快舒適，也不會讓客人有拘泥形式的感覺。或者用來裝一人份的茶與點心的組合，或成套的茶壺與茶杯，都是恰到好處的尺寸，十分剛好。

筷盒

材質↓橡木
上色↓護木油

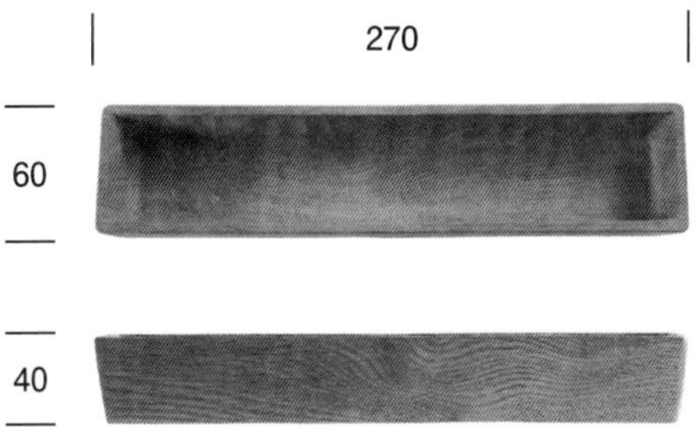

在不久之前，每個家庭的餐桌上都可見一種用來收納筷子的筷筒，如今不知是否還有呢？

筷筒裡收納著全家所有成員的筷子。所有人一上桌，就各自伸手自筷筒拿出自己的筷子，開始享用這一餐。父親的筷子是鑲著螺貝的若狹塗，貝殼在黑漆之中閃耀光芒，十分豪華貴氣。相較於小孩用的單色漆筷，明顯不同，讓人清楚知道那是一家之主所用的筷子，彰顯著權威感。

那個時候的家族之間仍存在著這種清晰可見的上下區別，與今日父母跟孩子像朋友般的感覺非常不同。我對這種上下關係並不特別討厭，小時候似乎也不覺得這樣不好。因為對這種感覺並不存著疑惑，家人也都理解父親的立場、家人之間的分工是怎麼一回事，彼此之間守著禮儀分寸的家人關係，我認為在某種程度上是具有正面意義存在的。

幾年前我做了這個橫躺的筷子盒。究竟收納筷子的容器該是直立的比較好用還是橫躺的，說實在我也沒有定見，那會因每個人的習慣、喜好而異吧，我只是覺得細長的筷子就這麼突出在眼前，在視覺上來說，還是收在盒子裡比較令人安心。

雖然也可以用筷架，但每次在家中吃飯都要擺上筷架，感覺有些拘泥形式，不如一個筷子盒，依上桌的人數多寡放幾雙筷子，我認為頗適合家庭使用。其實在做筷盒之前，我做了筷子，考慮到這些筷子該放在哪裡呢？於是有了做這個筷盒的想法。

說到筷筒，會一同想起的便是會放在它旁邊、收納調味料的圓形托盤。塑膠製，正中間有支金屬握把，那也是以前每個家庭裡都會有、曾一度非常流行的餐桌器具吧。至今，我的老家還在使用，可見是多麼長銷的商品。

我確實能明白那種「伸手可及之處就有調味料可用的便利性」。裡頭一定會有的是醬油、醬汁、鹽、胡椒，此外以前有的人家也還會放置紅色蓋子的味精罐。那個時代推出了好多暢銷商品，然後隨著時間流逝，慢慢地消失。不知筷盒將來會如何呢？

黑漆內白缽

材質↓山櫻木
上色↓白漆、黑漆

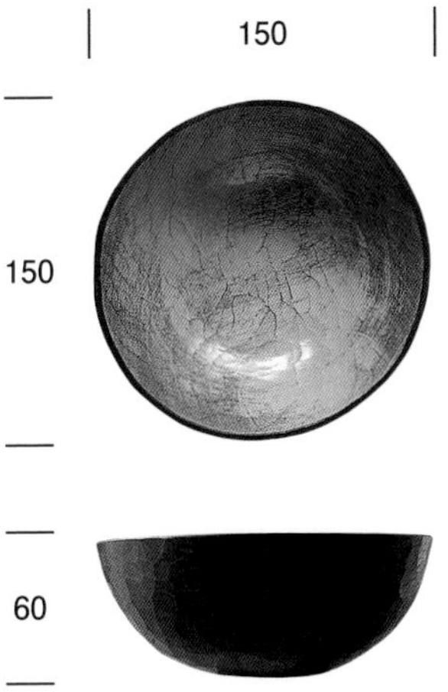

漆是一種很難駕馭的塗料，若沒有控制好溫度、濕度，就無法乾燥，過程中為了不讓表面塗料沾上塵埃，得要小心翼翼地保護著；因為漆容易敗壞不能事先將顏料調好裝在管子裡備用，只能在每次要上色時才開始調配；更可怕的是漆會引發過敏症狀。

雖然有這種種的不便，但是事實上也確實沒有比漆更適合用於食器上的顏料，正因為製作上有著這麼多的限制，才成為漆器獨特魅力的來源。

漆的魅力在於其如絲般滑順的觸感及具有深度的黑或紅色。上漆雖然要求均勻、不留下刷毛痕跡，但過於均質的成品又總讓人覺得少了點魅力，那就好像在演員的世界裡，被稱為好演員的比不上讓觀眾感動、具有魅力的演員來得迷人，漆器也一樣，不是「做得好」，「而是具有魅力的作品」才是創作者應當追求的。

製作白漆梅花盤時，也曾以刷子塗上黑漆，但這次是在木胚上以植物性染料先染色，再以擦拭的方式上漆。要保留木材的觸感或作工的痕跡時，拭漆會比整個以刷子塗上厚厚一層漆來得更合適。以拭漆法上白漆有點像是陶器的「刷毛目」，在陶器的世界裡，留下指印、或在燒製過程中產生的不完美反而更討人喜愛，這類痕跡要刻意做還很難做得出來，無法預料的偶然刻畫在作品上，更讓人感到有魅力。

我以前也曾用這種上漆法做過咖啡杯，因為有個朋友拿著他正在使用的白瓷杯跟我說想要有一個這樣的杯子，但是用黑漆做的。那個從鑿木開始做起的杯子被我暱稱為「暗黑系」，我很快做了幾個，但是覺得在黑色的杯子裡倒入黑黑的咖啡，朝杯裡看進去感覺就像是一口幽暗的井。

「至少得襯得出咖啡的存在吧！」於是在杯內塗上白漆，結果這個外黑內白的咖啡杯大受好評：「喝的時候嘴唇接觸到木頭的觸感很好，拿在手上也不會燙手，放上桌子的那一刻發出的聲響十分悅耳。」

之後，咖啡換成了葡萄酒，好像也拿來喝日本酒，木製杯子最後發展成為隨身的用品了。

異國風格

我也喜歡吃中國菜跟越南菜。
即使是國籍不明的異國料理，
木製食器也能寬容地接納。
這種塗護木油的木製食器拿來盛裝炸物，
油脂會漸漸被吃進纖維裡，
養出更有層次的表情。

白蘿蔔絲、蒟蒻絲、芹菜淋上魚露、
芝麻油拌一拌，再撒上花椒即可完成
的一道香氣豐富的中國風小菜。

將蝦肉與香菜包進去，捲成細長狀的春捲。其實若能再捲得細長一點會更美，可惜我這素人手不夠靈巧，真傷心。

黑漆的大缽也常用在和風料理，很適用盛裝筑前煮、蘿蔔滷鰤魚等，照片裡盛裝的是中華風番茄炒蛋。

2014年5月底，我坐著從名古屋開往松本的SHINANO號，兩小時左右車程，讀完從台灣一路帶來，木工作家三谷龍二先生寫的《木之匙》和《10公分》兩本書後，腦子裡開始回想和整理起這些很有共鳴的片段，慢慢對三谷龍二的曾經，有了隱約的清晰。一到松本，快步推著行李到飯店安置好，就三步併兩步地往「10公分」走去，心裡想著：第一次走逛串起整個松本市的「工藝的五月」活動，如果從這裡開始，更有一種起始意義。

轉個彎，遠遠看到方型建築體上方，以馬賽克拼貼的「YAMAYA山屋」字樣，四扇組成的灰藍色大門前，早已聚集許多等待的人群。向前領了號碼牌和店家貼心準備的排隊餅乾，就先逛起店前這條因活動而企劃的「六九手工藝街」，這區許多久未使用的老房子，或是存在已久的商店，這段時間，紛紛挪出空間，轉換成來自日本各地手工藝家的展演場地，透過作家與日常使用者間直接接觸，讓物件和生活，有最近距離

冰淇淋匙。

可當餐盤又能當托盤的木盤，用途廣泛。

的對話和交集。

接近號碼牌上寫的時間，再次回到「10公分」，走進店裡，先注意到腳下踏著，三谷龍二推測可能有近百年歷史的舊栗木地板，再抬頭看看拆除舊菸草店天花板後露出的天井（《10公分》書裡有完整描述修建的過程），順著落下的天光，望向店裡刷白的木製貨架，發現有百分之八十的作品都已售出，因為這樣，這天也就沒有帶回三谷龍二的作品。但是，跟著店裡拿到的活動指引，在松本市的商店、藝廊、餐廳、書店、民宅和美術館裡遊走，城市裡大大小小工藝相關活動熱鬧進行，整個下午，都一直驚歎著這個讓松本活絡起來的盛會。

2015年，因為前一年的美好經驗，再度安排來到松本，這次選在初開店就前往「10公分」，果然，順利地買到期待已久的櫻木方皿，也一起帶回了湯匙、叉子、冰淇淋匙等各種木道具。三谷龍二製作的木器，形狀基本實用，抹上天然蜜蠟後呈現的紋理，和家中各

毛家駿

時常生活有限公司負責人，除了設計工作，也開設生活道具及甜點店「時常在這裡」。不定期在台灣和日本巷弄間，找尋簡單、實用、純粹的好物和老東西，將過去記憶中的生活物件轉置，重新設計出由物件衍伸的人和空間新情境。

木匙的大小正好用來攪拌檸檬果露。

種器皿搭配都適宜，使用時，也相當契合生活上的慣性。像是湯匙的長度、重量和每次舀起的量體，或是冰淇淋匙前端收口的薄度配著三角形，還有點心叉的握桿比例和兩指間的關係，每件器物的尺度都掌握得恰到好處，用起來順手而合宜。而木製方皿，邊緣微微向下內縮的斜度，從桌面捧起變得更容易，放上烤得酥軟的磅蛋糕，或是盛裝一份戚風夾心，使用狀態隨心所欲。

就像三谷龍二說的：「日常生活用品，很多都是由人的使用而生成，製作的時候，構想也不是從頭腦思考，而是從手或是身體感受而來。」回到台灣，這些器物融入生活後，每回使用，除了能一直體會到製作器皿時，掌握人身尺度的重要性；也會一再回想起：三谷龍二把松本原有的工藝精神，妥適而貼切地再度在這城市各角落發聲，讓各地有共鳴的同好彼此聚集，所帶給這裡的美好憧憬。

34號的生活隨筆㉑

三谷龍二－不只是木作家

圖．文—34號

在還未親眼見過三谷龍二先生的木作品之前，我是透過他的文字著作：《木之匙》、《10公分》、與《日々の道具帖》，以及包含他在內的合輯書：《我們的日常感美學好時代》和《器物的足跡》而認識他的。與其說三谷龍二是木作家或是木工設計師，對我而言他更像一位不妥協的追求進步與改變、講究每日生活細節的生活家。

三谷龍二的木作品皆是為了生活裡使用而設計製造，有著為使用者考量的細節，他曾說：「我想比起別人準備好的事物，更重要的是自己去發現」，所以他也自己設計桌椅、生活用具，請人製造。讀著對生活重視的他書裡所列精心挑選發現的用具，彷彿在逛著一間名為三谷龍二的選物店一樣，隨著文字描述，就像店主說著他選物的的理由，以及使用的感覺及感情，讀著讀著有好些我都好想馬上擁有。尤其在《日々の道具帖》書裡，三谷龍二用來將清酒倒到酒壺的迷你白瓷漏斗，看起來有種可愛的古意，套在酒壺上恰到好處，我一眼愛上，仔細讀了才知道原始用途並非設計為漏斗，只是大小適合他便一直這麼用，其實那是英國早期的pie funnel，烤派時置於派中心用來排散濕氣，雖然這可以算作古董的pie funnel並未以它原始功能被使用著，但能在生活裡發揮合用便是好器物。

在松本舉辦生活工藝展20年的三谷龍二，總是不斷在思索著生活裡真正的需要，而非過度的設計，他認為藉著舉辦生活工藝展裡一小群人的力量，逐步推廣開來，慢慢能將生活二字拉近工藝。去年初秋我終於有機會去了一趟松本，雖然不是在工藝的五月造訪，但能夠在六九商店街上慢慢散步，一探三谷龍二先生一手打造從外觀到內部皆令人驚艷的10cm藝廊，以往所讀的文字全都在眼前立體起來！

至於松本工藝節是一定要去的，這個由三谷龍二一手打造，經過多年慢慢成熟，集結全日本許多工藝職人的盛大市集，期待自己未來有造訪的一天，到時候希望能收藏到三谷龍二的木作盤，在木作盤盛上簡單小食，到他書裡寫到的牛伏川，在初夏五月川畔綠蔭下野餐，就如他書中令人迷醉的照片一般。

日々・日文版 no.32

編輯・發行人——高橋良枝
設計——渡部浩美
發行所——株式會社 Atelier Vie
http：//www.iihibi.com/
E-mail：info@iihibi.com
發行日——no.32：2013年10月20日
插畫——田所真理子

日日・中文版 no.26

主編——王筱玲
大藝出版主編——賴譽夫
設計・排版——黃淑華
發行人——江明玉
發行所——大鴻藝術股份有限公司｜大藝出版事業部
台北市103大同區鄭州路87號11樓之2
電話：(02) 2559-0510　傳真：(02) 2559-0508
E-mail：service@abigart.com
總經銷：高寶書版集團
台北市114內湖區洲子街88號3F
電話：(02) 2799-2788　傳真：(02) 2799-0909
印刷：韋懋實業有限公司

發行日——2016年10月初版一刷
ISBN 978-986-92325-9-3

日日 / 日日編輯部編著. -- 初版. -- 臺北市：
大鴻藝術, 2016.10　52面；19×26公分
ISBN 978-986-92325-9-3（第26冊：平裝）
1. 商品 2. 臺灣 3. 日本
496.1　　　　105001149

日文版後記

大約在幾年前，我們拜託三谷龍二在《日々》連載。站在使用三谷龍二所做器皿的立場，我們對於創作者是怎麼想的、如何做出這些器皿等這些事感到非常有興趣。於是浮現在腦海中的標題即是「器的履歷書」。

於是我們了解到三谷龍二創作器皿的時候，原來有這麼深入的想法，以及札根於生活中的發想，更加深了對這些器皿的喜愛。

從一塊木材開始所產生的木之器，無法像陶土一樣揉掉重來。可以說是一次決定勝負。可以窺見認真與木器製作一決勝負的「器的履歷書」專欄，每次都讓我們滿懷期待且興味盎然地閱讀。

當我向三谷龍二提出想要用「器的履歷書」作為主題舉辦展覽的時候，馬上得到他「那我們把連載至今的文章集結成一冊吧」的回答，正是各位看到的這一期。

或許大家會覺得可笑，但對於愛用三谷龍二所做器皿的我來說，想要介紹的是平常使用的樣子。雖然是外行人的料理，但是喜歡三谷龍二所做器皿的，可不只限於專業的料理人這點，就是獨一無二的理由了。

器皿因使用而生，然後料理因器皿而活現。請盡量使用你所擁有的器皿。我想這才是那些被喜愛著的器皿的生存之道。

（高橋）

中文版後記

連續這幾期的《日々》，以專題的方式呈現，讓大家得以在某個主題裡盡情得到滿足。而本期是在台灣也很受歡迎的三谷龍二的木之器特集。我們找到了多次前往長野參加三谷龍二所發起的「松本手工藝展」，也曾購買到三谷龍二木器（據說非常難買到）的毛家駿來分享他和三谷龍二的緣分。同時，每一期為讀者們寫出精彩專欄的34號，不僅是三谷龍二的書迷，更令人羨慕的是她也曾親自到過長野他所開的店。

木器的溫潤，相信只有用過的人才能體會，而若有機會買到三谷龍二所做的木器，千萬別猶豫，因為那可是每一件都獨一無二的手工品哪！　（王筱玲）

大藝出版Facebook粉絲頁http：//www.facebook.com/abigartpress
日日Facebook粉絲頁https：//www.facebook.com/hibi2012